Sitzungsberichte

der

Bayerischen Akademie der Wissenschaften
Mathematisch-naturwissenschaftliche Abteilung

Sonderabdruck aus Jahrgang 1929

Überführung von Chlorophyllderivaten in Phylloerythrin

von

Hans Fischer und Rudolf Bäumler

Vorgetragen in der Sitzung am 9. Februar 1929

München 1929
Verlag der Bayerischen Akademie der Wissenschaften
in Kommission des Verlags R. Oldenbourg München

Richarz, F. Ueber die electrischen und magnetischen Kräfte der Atome. 38 S. 1891, 1.

Schönbein, C. F. Neue Reihen chemischer Berührungswirkungen. Abh. VIII, 1. 1856.   M. —.90
— Ueber metall. Superoxyde. Abh. VIII, 1. 1857.   M. —.50
— Verhalten des Bittermandelöls zum Sauerstoffe. Abh. VIII, 1. 1857.   M. —.30
— Zur näheren Kenntniss des Sauerstoffes. Abh. VIII, 2. 1858. M. —.80

Sohncke, L. Die Entstehung des Stroms in der galvanischen Kette 14 S. 1888, 3.

Steinheil, C. A. Quantitative Analyse durch physikal. Beobachtungen. Abh. III, 3. 1842.   M. —.60

Vogel, Aug. Denkrede auf Heinr. Aug. von Vogel. 1868.   M. —.90
— Entwicklung der Agrikulturchemie. Festrede. 1869.   M. 1.30
— Justus Frhr. von Liebig als Begründer der Agrikultur-Chemie. Festrede. 1874.   M. 1.80

Voit, C. von. Theorien der Ernährung der thierischen Organismen. Festrede. 1868.   M. 1.—
— Apparat zur Untersuchung der gasförm. Ausscheidungen des Thierkörpers. Abh. XII, 1. 1875.   M. 2.—

Voit, E. Vergleichung von Bergkrystall-Gewichten. Abh. XIV, 1. 1880.   M. 3.—

Wieland, H. Ueber den Giftstoff der Kröte. 27 S. 1920.   M. —.50

Akademische Buchdruckerei F. Straub in München.

Überführung von Chlorophyllderivaten in Phylloerythrin

Von **Hans Fischer** und **Rudolf Bäumler.**

Vorgetragen in der Sitzung am 9. Februar 1929.

Während die Konstitution des Hämins aufgeklärt ist, herrscht über die des Chlorophylls noch ziemliches Dunkel. Aus Chlorophyll sind beim energischen alkalischen Abbau eine Reihe von Porphyrinen isoliert worden, in die Eisen komplex eingeführt werden kann und die so erhaltenen Eisensalze stehen spektroskopisch dem Hämin nahe. Die Methoden, nach denen die Chlorophyllporphyrine erhältlich sind, sind ziemlich brutale, sodaß sekundäre Synthesen nicht ausgeschlossen erscheinen umsomehr, als die Höchstausbeute ca. 30⁰/₀ beträgt und Dipyrrylmethene unter ähnlichen Bedingungen in Porphyrine[1]) umgewandelt werden können. Besonders beweisend wäre eine Überführung von Chlorophyll in Porphyrine auf encymatischem Wege. Solche Versuche haben wir mit Phäophytin, Phäophorbid und Chlorin e angesetzt, aber bis jetzt keine entscheidenden Resultate erzielt. Diese negativen Ergebnisse sind auffallend, weil Marchlewski[2]) bei der Verfütterung von Grünfutter im Kot von Wiederkäuern Phylloerythrin gefunden hat, das er mit Recht als Chlorophyllderivat ansprach. Löbisch und Fischler[3]) haben es aus Rindergalle in kristallisiertem Zustand gewonnen und die Analysen stimmten am besten auf $C_{33} H_{36} N_4 O_6$[4]). Hieraus folgt, daß bei der Einwirkung der Encyme des Magen-Darmkanals eine Abspaltung des Phytols und Methylalkohols erfolgt; über weitere Veränderungen gibt der spektroskopische Befund Anhaltspunkte.

Phylloerythrin ist nach seinen Spektralerscheinungen ein Porphyrin[5]) und seine Konstitutionsaufklärung ist von großer

---

[1]) A. 466, 155 [1928].
[2]) Zs. f. physiol. Chem. Bd. 43, S. 208 u. 464 (1904).
[3]) Monatshefte für Chemie 1903, S. 335.
[4]) Zs. f. physiol. Chem. 96, S. 293 [1915].
[5]) Zs. f. physiol. Chem. 143, S. 4 [1924].

Wichtigkeit, weil die Natur selbst offenbar hier die Umwandlung von Chlorophyll in Porphyrine unter den mildesten Bedingungen, die man sich denken kann, vollzogen hat.

Dazu kommt noch, daß wir seit einiger Zeit über Methoden verfügen, einerseits Porphyrine synthetisch zu bereiten, anderseits sie in Chlorine, das sind dem Chlorophyll nahestehende Körper, überzuführen. Deshalb besitzen dem Chlorophyll im Sauerstoffgehalt nahestehende Porphyrine ein ganz besonderes Interesse.

So erhob sich die Frage, diese physiologisch mit sehr schlechter Ausbeute verlaufende Porphyrinbildung rein chemisch nachzuahmen und hierfür kamen vor allen Dingen reduzierende Methoden in Betracht, weil Reduktionsvorgänge im Darmkanal in erster Linie auftreten. So wird Bilirubin ja in Mesobilirubinogen umgewandelt, eine Reaktion, die mit Hilfe von Natriumamalgam im Reagensglas gut durchführbar ist. Wir haben die Natriumamalgam-Reduktion von Chlorin e und Phäophorbid a durchgeführt; die Lösungen werden farblos und in diesen Lösungen sind Leuko-verbindungen von Porphyrinen vorhanden, denn bei der Re-oxydation mit Luft tritt nunmehr Rotfärbung ein und es lassen sich aus dieser Lösung Porphyrine isolieren. Die Ausbeute ist aber so schlecht, daß die präparative Verarbeitung sich bis jetzt nicht lohnt.

Wir benützten nunmehr zur Reduktion Eisessig-Zinkstaub und Phäophorbid a wird unter diesen Bedingungen schnell ent-färbt. Also entsteht auch hier eine Leukoverbindung. Bei der Reoxydation durch Luft entstanden wiederum Porphyrine. Die spektroskopische Untersuchung in Pyridin-Äther ergab absolute Identität mit Phylloerythrin, auch bei der Projektion der Spektren übereinander. Die Ausbeute war auch hier mäßig. Auch die Re-sorcinschmelze ergab Porphyrine, von denen eines spektroskopisch mit Phylloerythrin nahezu identisch war (Differenz von $^1/_2 \, \mu\mu$).

Die besten Resultate wurden mit Eisessig-Jodwasserstoff aus Phäophorbid a als Ausgangsmaterial erhalten. Bei sehr kurzer Einwirkung entsteht in guter Ausbeute ein Porphyrin, das durch Kristallisationsfähigkeit ausgezeichnet ist und das nach der Elemen-taranalyse, der spektroskopischen Untersuchung und Eigenschaften mit Phylloerythrin genau übereinstimmte. Einen Schmelzpunkt besitzt dieses Porphyrin ebensowenig wie das Phylloerythrin und wir haben deshalb das natürliche Phylloerythrin sowie das „künstliche" Phylloerythrin der Veresterung unterworfen, wobei in beiden Fällen ein schön kristallisiertes Produkt entstand, das einen scharfen Schmelzpunkt von 260° (korr.) besaß. Schmelz- und Misch-Schmelzpunkt waren identisch. Die Analysenzahlen stimmen am besten auf einen Monomethylester. Das Phylloerythrin gibt mit Chlorwasserstoff ein Porphyrin mit 3 Sauerstoffatomen.

Somit ist die Überführung von Phäophorbid a, das dem Chlorophyll sehr nahe steht, in Phylloerythrin auf rein chemischem Wege bewerkstelligt. Die Analysenzahlen bestätigen die Formel $C_{33} H_{36} N_4 O_6$ und es erscheint immerhin diskutierbar, ob nicht auch dem Chlorophyll nach Abzug der Estergruppen 33 C-Atome zukommen. Neben Phylloerythrin trat ein zweites Porphyrin ähnlicher Zusammensetzung auf. Somit verfügen wir nunmehr bereits über zwei dem Chlorophyll im Sauerstoffgehalt nahestehende Porphyrine. Wir haben weiter noch eine Reihe von Umsetzungen mit Phylloerythrin vorgenommen, über die an anderer Stelle bald berichtet wird. Die Veröffentlichung eines Teils der bisherigen Resultate erfolgt angesichts einer soeben (am 8. Februar) erschienenen Zuschrift in den Naturwissenschaften von Kurt Noack über „Entstehung des Chlorophylls und dessen Beziehungen zum Blutfarbstoff". Hier berichtet Noack über die Überführung von Chlorophyllderivaten in Körper, die spektroskopisch nahezu identisch mit Phylloerythrin sind. Eine ausführliche Abhandlung ist angekündigt.

Versuche.

Amalgam-Reduktion von Phäophorbid a)[1]) und Chlorin e)[2])

Phäophorbid a): 0,2 g Phäophorbid werden in 200 ccm Äther gut suspendiert und diese Suspension mit n/10 NaOH ausgeschüttelt. Die sich bildende Emulsion (Alkalisalzbildung) kann durch vorsichtige Zugabe von Äthylalkohol einigermaßen befriedigend getrennt werden. Die alkalische Lösung wird mit 120 g 2%igem Natriumamalgam 18 Stunden geschüttelt (Maschine), wobei

---

[1]) Willstätter und Stoll, Chlorophyllbuch S. 281.
[2]) Willstätter und Stoll, Chlorophyllbuch S. 293.

eine fast farblose, schwach rötliche Lösung erhalten wird. Soweit die
Durchsichtigkeit der Lösung im Polarisationsapparat eine Beobach-
tung gestattete, konnte kein Drehungsvermögen festgestellt werden.
Bei der Reoxydation mittels Luftdurchleiten wurde die Lösung zu-
nehmend rötlich. Es wurde angesäuert und in Äther getrieben, in
dem sich Spuren eines Porphyrins spektroskopisch nachweisen ließen.
Isolierung war infolge der geringen Menge nicht möglich.

Chlorin e): 0,2 g wurden in 100 ccm Äther suspendiert und
mit n/10 NaOH ausgeschüttelt. Glatte Entmischung. Die alkalische
Lösung wurde mit 80 g Natriumamalgam (2%) 11 Stunden geschüttelt,
wobei sie farblos wurde. Die Reduktion verlief hier rascher als bei
Phäophorbid a). Im Polarisationsapparat war die Lösung durch be-
ginnende Reoxydation sehr schwer durchsichtig, Drehungsvermögen
wurde keines festgestellt. Die Reoxydation führte auch in diesem Falle
zu einer rötlichen Lösung, die Spuren von Porphyrin enthielt.

Reduktion von Phäophorbid a) mit Eisessig-Zinkstaub.

0,5 g Phäophorbid a) werden in 50 ccm Eisessig gelöst und
mit 5 g Zinkstaub unter Rückfluß und Durchleiten von Wasser-
stoff bis zum Umschlag unter Aufhellung der Lösung nach Hell-
Braunrot gekocht, dann abgesaugt. Aus dem Filtrat läßt sich
durch Wasser eine amorphe farblose Verbindung fällen, die im
Verlauf von 24 Stunden dunkelt und dann Porphyrinspektrum
zeigt, sodaß es sich in dem farblosen Körper um die Leukoverbindung dieses Porphyrins handelt. Es wurde versucht, in Kohlen-
dioxyd-Atmosphäre diese Leukoverbindung analog der des Okta-
äthylporphins[1]) aus Eisessig-Wasser umzukristallisieren, es konnten
dabei jedoch nur amorphe und sehr schwer filtrierbare Nieder-
schläge erhalten werden. Die Verbindung sintert ab 200° und
zersetzt sich bei ca. 240°. Während die Leukoverbindung in
Pyridin mit gelblicher Farbe sehr schwer löslich ist, ist das
Oxydationsprodukt mit roter Farbe außerordentlich leicht in
Pyridin löslich. Das Porphyrin war auch erhältlich durch direkte
Reoxydation (Luftdurchleiten) der Eisessiglösung der Leukoverbindung. Dabei bildet sich zunächst ein Streifen im Rot, der dann

---

[1]) Liebigs Ann. 468, 58 [1929].

langsam das saure Porphyrinspektrum liefert. Aus dem Eisessig wurde mit Ammoniak das Porphyrin in Äther gebracht, wobei viel Flocken durch die Schwerlöslichkeit des Porphyrins in Äther anfallen. Mit 8%iger HCl wurden dieser ätherischen Lösung so lange Verunreinigungen entzogen, bis etwas Porphyrin in die Salzsäure ging, dann dieses mit 15%iger HCl extrahiert, aus dieser wieder in Äther getrieben, wobei nach dem Eindunsten mäßig ausgebildete häufig verwachsene Prismen erhalten wurden. Salzsäurezahl: ca. 8. Spektroskopisch besteht keine Identität mit dem analog aus der Komponente b) erhaltenen Porphyrin.

Reduktion von Phäophorbid a) mit Eisessig-Jodwasserstoff.

0,5 g Phäophorbid a) werden in 75 ccm Eisessig gelöst und 10 ccm Jodwasserstoffsäure (spezif. Gew. — 1,69) zugegeben. Man stellt auf das siedende Wasserbad, wobei eklatanter Farbumschlag der grünen Lösung nach Rot eintritt. Nach 7 Minuten wird vom Wasserbad entfernt, dann mit Wasser gekühlt und das Reaktionsgemisch in $1\frac{1}{2}$ Ltr. Äther im Scheidetrichter eingegossen, nun unter Verdünnung mit Ammoniak sehr schwach alkalisch gemacht, bis das in Äther langsam aus der Leukoverbindung entstehende salzsaure Porphyrinspektrum in das neutrale übergegangen ist. Nun wird getrennt und der Äther mit 15%iger HCl so lange extrahiert, bis diese spektroskopisch kein Porphyrin mehr aufnimmt. In der zurückbleibenden roten ätherischen Lösung wird das Jod durch Ausschütteln mit Thiosulfatlösung reduziert. Der salzsaure Auszug wird nun unter reichlich Äther so lange verdünnt, bis der Äther mit Farbstoff gesättigt ist und starke Flockenabscheidung beginnt. Nun wird getrennt, der Äther filtriert und sofort sehr stark eingeengt. Bei mehrstündigem Stehen der nicht eingeengten ätherischen Lösung kristallisiert bereits an den Gefäßwänden das schwer lösliche Porphyrin klein aus. Der eingeengte ätherische Auszug scheidet nach 12 stündigem Stehen quantitativ alles Porphyrin gut kristallisiert ab, die grüne Mutterlauge enthält ein bei der Reaktion als Nebenprodukt entstehendes in Äther gut lösliches Chlorin von folgendem Spektrum und der Salzsäurezahl 10:

I. 670,8 — 647,9; II. 608,4 — 593,7; III. 565,4 — 558,5; IV. 535,0 — 527,6; V. 506,0 — 488,8; E. Abs. 447,2.

Weitere Auszüge von Porphyrin werden durch weiteres Verdünnen und schließlich durch portionsweise Neutralisation der verd. salzsauren Lösung erhalten. Es ist dabei immer viel Äther zu verwenden, entsprechend der Schwerlöslichkeit des entstandenen Porphyrins. Es hat sich als zweckmäßig erwiesen, durch Verdünnen und Neutralisieren etwa 4—5 getrennte Äther-Auszüge herzustellen, da nur nach diesem Verfahren befriedigende Ausbeuten an Porphyrin erzielt wurden und zwar aus 0,5 g Phäophorbid bis zu 0,20 g des Porphyrins. Die ätherischen Mutterlaugen der eingeengten Ätherfraktionen (ausgenommen erste Fraktion) liefern bei längerem Stehen und Verdunsten die Kristallisation eines weiteren, spektroskopisch von dem als Hauptmenge entstehenden verschiedenen Porphyrins in wechselnder Ausbeute.

Spektrum von Porphyrin I.

I. 636,6; II. Vorbeschattung ab 598.4, 2 Maximas 588,4 bzw. 581,4; III. 565,6 — 558,2; IV. 528,5 — 517,1; E. Abs. 451,9.

Dieses Spektrum ist mit dem reinen Phylloerythrin aus Rindergalle vollkommen identisch.

Spektrum von Porphyrin II.

I. 635,4 — 630,3; II. 2 Maximas 591,6 bzw. 575,2; III. 562,8 — 552,2; IV. 524,3 — 511,2; E. Abs. 442,1.

Dieses Spektrum ist gegen das des Porphyrins I und des Phylloerythrins nach violett verschoben.

Zur Analyse wurde Porphyrin I zweimal aus Pyridin-Äther umkristallisiert. Pyridin allein liefert bei äußerst konzentrierten Lösungen beim Erkalten eine Kristallisation dünner Blättchen, die im durchscheinenden Licht grün erscheinen. Dickere Kristalle lassen das Licht rot und blau durchscheinen. Gibt man zur heissen Pyridinlösung sehr vorsichtig so lange Äther, bis eben am Rande eine Kristallisation sichtbar wird, so erhält man das Porphyrin nach 12 stündigem Stehen in prachtvoll kristallisierten glänzenden breiten Prismen.

Es wurde bei 78° zur Konstanz getrocknet.

4,517 mg Subst.: 11,210 mg CO_2, 2,385 mg H_2O.

2,562 mg Subst.: 0,223 ccm N (18°,713 mm)

$C_{34}H_{36}N_4O_6$ (596,33) Ber.: C = 68,42 H = 6,09 N = 9,40%

$C_{33}H_{36}N_4O_6$ (584,33) Ber.:   67,77   6,21   9,59%

Gef.:   67,69   5,91   9,57%.

Zur Kristallisation von Porphyrin II aus Pyridin-Äther sind 4 mal 24 Stunden erforderlich. Zur Analyse bei 78° im Vakuum getrocknet.

4,300 mg Subst.: 10,600 mg CO_2; 2,320 mg H_2O

4,271 mg Subst.: 10,430 mg CO_2, 2,340 mg H_2O

4,724 mg Subst.: 0,403 ccm N (15°,726 mm)

$C_{34}H_{36}N_4O_6$ Ber.: C = 68,42 H = 6,09 N = 9,40 %

$C_{33}H_{36}N_4O_6$ Ber.:   67,77   6,21   9,59 %

Gef.:   67,23   6,04   9,67 %

66,60   6,13

Phäophytin und Äthylchlorophyllid gaben unter den gleichen Bedingungen ebenfalls Phylloerytbrin, das nach Analysenzahlen und spektroskopischem Befund mit den anderen Präparaten übereinstimmte. Bemerkenswerterweise ergab Phytochlorin e (mit Moldenhauer) ein neues Porphyrin. Phäophorbid a und Chlorin e weichen also in der Konstitution voneinander ab.